Soha Soliman
Hanan Abd Elhafeez

Células mesenquimais no crescimento da cartilagem II

Soha Soliman
Hanan Abd Elhafeez

Células mesenquimais no crescimento da cartilagem II

ScienciaScripts

Imprint
Any brand names and product names mentioned in this book are subject to trademark, brand or patent protection and are trademarks or registered trademarks of their respective holders. The use of brand names, product names, common names, trade names, product descriptions etc. even without a particular marking in this work is in no way to be construed to mean that such names may be regarded as unrestricted in respect of trademark and brand protection legislation and could thus be used by anyone.

Cover image: www.ingimage.com

This book is a translation from the original published under ISBN 978-620-2-31777-1.

Publisher:
Sciencia Scripts
is a trademark of
Dodo Books Indian Ocean Ltd. and OmniScriptum S.R.L publishing group

120 High Road, East Finchley, London, N2 9ED, United Kingdom
Str. Armeneasca 28/1, office 1, Chisinau MD-2012, Republic of Moldova, Europe
Printed at: see last page
ISBN: 978-620-8-01955-6

Índice

Capítulo 1

Um novo mecanismo de crescimento da cartilagem em mamíferos

"Envolvimento de

células indiferenciadas CD117 positivas no crescimento intersticial"

Soha A. Soliman, Hanan H. Abd-Elhafeez, Enas Abdel-Hafez

Resumo

São normalmente descritos dois tipos de crescimento das cartilagens: o crescimento aposicional e o crescimento intersticial. A forma de produção de nova matriz de cartilagem é diferente em ambos os tipos. O tipo aposicional depende da adição de matriz periférica após a ativação das células estaminais pericondriais e o crescimento intersticial depende da secreção de nova matriz de cartilagem pelos condrócitos progenitores. O presente estudo descreveu um tipo diferente de crescimento da cartilagem em diferentes elementos esqueléticos de embriões de camelo. Os embriões de camelo foram colhidos, fixados, desidratados e incluídos em parafina. As secções de parafina dos embriões inteiros foram coradas com H&E, tricrómio de Crossman e tricrómio de Mallory. A coloração imunohistoquímica para CD117 e colagénio de tipo II foi utilizada na cartilagem embrionária. Outras amostras foram processadas para serem examinadas por microscopia eletrónica de varrimento. Um esqueleto embrionário inicial representado por elementos cartilaginosos. Células indiferenciadas que continuam com o pericôndrio penetraram na cartilagem em crescimento das costelas, osso pélvico, escápula e esterno. As células eram positivas para CD117 e assemelhavam-se morfologicamente às células mesenquimatosas indiferenciadas; tinham uma forma fusiforme ou achatada com um núcleo oval e estavam ligadas por processos citoplasmáticos. A orientação das células invadidas podia ser como densidades celulares baixas ou altas ou como células individuais. As células mesenquimatosas invadidas transformaram-se em condrócitos e produziram nova matriz de cartilagem. A penetração celular tinha como objetivo fornecer à cartilagem em desenvolvimento células indiferenciadas destinadas a tornarem-se condrócitos e envolvidas no crescimento intersticial da cartilagem fetal.

Antecedentes

O crescimento das cartilagens ocorre através da secreção de nova matriz de cartilagem. O crescimento aposicional depende da ativação das células pericondriais para segregarem matriz cartilagínea adicional que envolve a cartilagem em crescimento. A propagação dos condrócitos e a subsequente secreção intersticial de nova matriz de cartilagem pelos progenitores de condrócitos resultam no crescimento intersticial. O crescimento aposicional compromete o crescimento da largura da cartilagem, enquanto o aumento do comprimento da cartilagem depende do crescimento intersticial [1].

Foi descrito um modo invulgar de crescimento da cartilagem na cartilagem de embriões de codorniz e no órgão de respiração aérea do peixe-gato, em que as células mesenquimatosas indiferenciadas participam no tipo intersticial de crescimento da cartilagem. As células mesenquimais derivadas do pericôndrio invadem o interior da cartilagem em crescimento e transformam os condrócitos para segregar nova matriz de cartilagem. No fémur e na tíbia de embriões de codorniz, a invasão mesenquimal é limitada à zona hipertrófica central para fornecer os modelos de cartilagem por uma grande população de células com potencial condrogénico [2]. No órgão de respiração aérea do peixe-gato, a invasão mesenquimal ocorre em vários locais e está envolvida no crescimento, renovação e substituição da cartilagem existente [3].

O presente estudo teve como objetivo investigar um modo de crescimento da cartilagem dependente do mesênquima no esqueleto de embriões de camelo. Descrição de um padrão de células mesenquimais nos moldes da cartilagem. Utilizámos colorações imunohistoquímicas para identificar a localização de células indiferenciadas durante o crescimento do esqueleto de camelo e o tipo de colagénio segregado pelas células em diferenciação.

MATERIAL E MÉTODOS

I. Preparação de amostras para inclusão em parafina

O estudo foi efectuado em 18 embriões de camelo. Os embriões foram obtidos no matadouro de Al-Basatein, no Cairo. Os estádios dos embriões foram avaliados através da medição do CRL (**Crown-rump length) (Fig. 1).** O estudo foi efectuado com embriões de camelo aparentemente saudáveis, medidos com 5, 6, 6,5, 8, 10, 11 e 12 CRL. Todos os embriões foram imediatamente fixados em formalina tamponada a 10% e em soluções de Bouin. As amostras fixadas foram desidratadas em graus crescentes de álcoois a 70%, 80% durante (3 horas) em cada concentração, 90% (2 horas) e 100% (1 hora). As amostras desidratadas foram então impregnadas e embebidas em cera de parafina. Foram feitas secções seriadas de parafina de 3-5цт com um micrótomo Richert Leica RM 2125, Alemanha, e montadas em lâminas de vidro. As secções foram mantidas numa incubadora a 40°C e coradas com H&E [4] e tricrómio de Crossman **(1937)** e tricrómio de Mallory [5]. Os produtos químicos utilizados na preparação das secções de parafina e na coloração estão resumidos na (Tabela 1, Parte I).

As secções coradas foram examinadas com o microscópio de luz DMLS (Leica, Alemanha) equipado com a câmara MC120 HD (Leica, Alemanha).

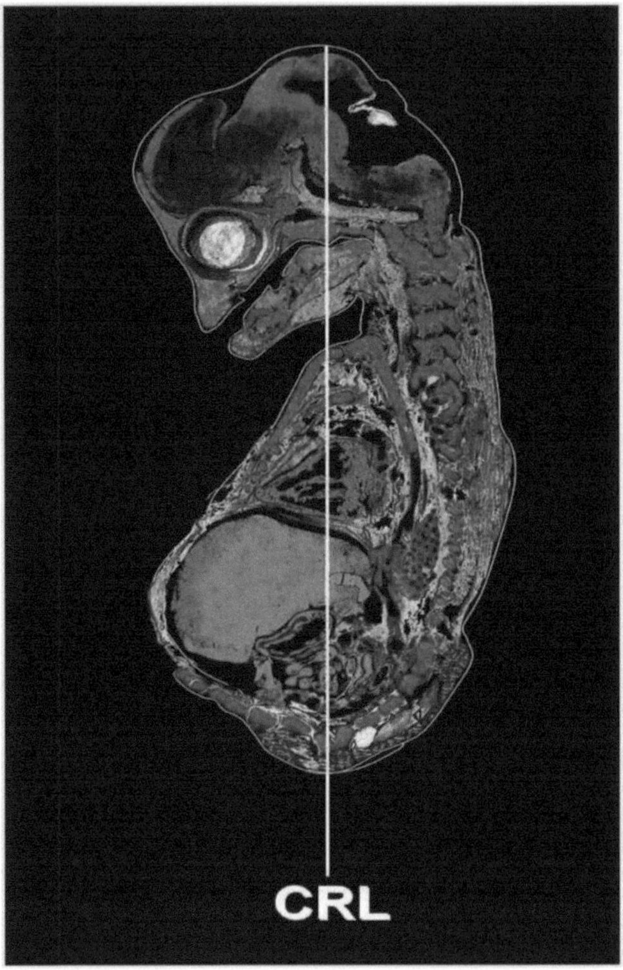

Figura 1: ilustração de um embrião de camelo com medição do LCR

Quadro 1: produtos químicos para a preparação de secções de parafina e coloração

NAME OF THE REAGENT	NAME OF THE REAGENT	COUNTRY
HAEMATOXYLIN CRYST.	MERCK	
EOSIN YELLOW (WATER SOLUBLE)	OXFORD LABORATORY REAGENTS	India

SODIUM PHOSPHATE DIBASIC (ANHYDROUS)	OXFORD LABORATORY REAGENTS	India
SODIUMPHOSPHATE MONOBASIC (ANHYDROUS)	OXFORD LABORATORY REAGENTS	India
ETHANOL ABSOLUTE	FISHER CHEMICALS	UK
PARAPLAST EMBEDDING MEDIA(PARAFFIN WAX)	SIGMA ALDRICH	Germany
MERCURIC OXIDE (YELLOW HGO)	ADWIC	
ALUMINUM POTASSIUM SULPHATE	OXFORD LABORATORY REAGENTS	India
GLACIAL ACETIC ACID	ADWIC	
FERRIC CHLORIDE	SAS CHEMICALS CO	
SAFRANIN O	SAS CHEMICALS CO	
XYLENE	SIGMA ALDRICH	Germany
METHYL BENZOATE	OXFORD LABORATORY REAGENTS	India
FAST GREEN	UNIVERSAL FINE CHEMICALS	India

II. Imunohistoquímica:

A coloração imuno-histoquímica foi efectuada em secções de parafina de embriões de camelo utilizando lâminas de microscópio Superfrost™ plus. A localização do antigénio foi efectuada utilizando um anticorpo policlonal de coelho anti-c-kit contra o CD 117, um anticorpo de rato anti-coelho contra a MMP-9 e um anticorpo monoclonal de rato anti-galinha contra o colagénio de tipo II, utilizando o Reagente do Sistema de Deteção UltraVision (Anti-Polyvalent, HRP/DAB (pronto a utilizar) Thermo Fischer Scientific TP-015-HD), de acordo com as instruções do fabricante, combinado com a técnica do Complexo Avidina-Biotina (ABC) [6]. As secções (5 Lim) de tecido incluído em parafina foram desparafinadas, reidratadas e lavadas em solução salina tamponada com fosfato (PBS) (pH 7,4) e tratadas com peróxido de hidrogénio a 3% para inibir a peroxidase endógena. Para a recuperação de antigénios, as lâminas foram colocadas em tampão de citrato de sódio 10 mM (pH 6,0) e aquecidas a 95-98 num banho de água durante 20 minutos, seguido de arrefecimento durante 20 minutos à temperatura ambiente. As secções foram então lavadas em PBS (pH 7,4). As secções foram cobertas com um bloco Ultra V (ver quadro 1 Parte II, Thermo Fisher scientific, EUA) durante 5 minutos à temperatura ambiente para bloquear a coloração de fundo não específica. As secções foram incubadas com os anticorpos primários à temperatura ambiente durante 1 hora ou durante a noite, de acordo com a respectiva folha de dados. As fontes de anticorpos, a diluição e a duração da incubação são apresentadas na Tabela 1, Parte IV, e descritas anteriormente [7]. As lâminas foram lavadas com PBS (pH 7,4), seguido de incubação durante 10 minutos à temperatura ambiente com um anticorpo secundário biotinilado aplicado gota a gota na secção. As lâminas foram lavadas com PBS (pH 7,4), seguindo-se a adição de gotas de complexo estreptavidina-peroxidase (Thermo Fisher scientific, EUA) e incubação durante 10 minutos à temperatura ambiente, seguida de outra lavagem com PBS pH 7,4. A visualização dos anticorpos ligados foi efectuada utilizando uma gota de cromogénio de diaminobenzidina (DAB) Plus misturado com 2 ml de substrato de DAB Plus. A mistura foi aplicada diretamente sobre o tecido e incubada durante 5 a 10 minutos à temperatura ambiente. Nota: todas as incubações foram efectuadas numa câmara húmida para evitar a dessecação dos tecidos. As secções foram contra-coradas com hematoxilina de Harris durante 30 segundos, desidratadas e montadas com DPX. Os controlos negativos foram efectuados omitindo os anticorpos primários. Todas as colorações imunohistoquímicas foram examinadas por microscopia ótica.

Tabela 2: Reagente do sistema de deteção UltraVision (Anti-polivalente, HRP/DAB (pronto a usar) Thermo Fischer Scientific TP-015-HD.

Component	P-015-HD
Hydrogen Peroxide Block	TA-015-HP
Ultra V Block	TP-015-UB
Biotinylated goat Anti-Polyvalent	TP-015-BN
Streptavidin-Peroxidase	TS-015-HR
DAB Plus Substrate	TP-015-HSX
DAB Plus Chromogen	TA-001-HCX

Quadro 3: Soluções utilizadas na imunohistoquímica e na microscopia eletrónica de varrimento

PBS-buffer (pH 7,2-7,6): Used in immunohistochemistry	NaCl	42.5 g
	$Na_2HPO_4\,2H_2O$	6.35 g
	$NaH_2PO_4\,H_2O$	1.95 g
	dest. water	and 5 l
Citrate buffer (pH 6,0):	Solution A:	
	Citrate $C_6H_8O_7\,H_2O$	21.01 g
	Aqua dest.	and 1 l
	Solution B:	
	Sodium citrate $Na_3C_6H_5O_7\,2H_2O$	29.41 g
	dest. water	and 1 l
	Using solution:	
	Solution A:	9 ml
	Solution B:	41 ml
	dest. water	and 500 ml
PBS-buffer (pH 7,2-7,6): Used for scanning	Solution A:	
	$Na_2HPO_4\,2H_2O$	17.02 g
	Aqua dest.	and 600 ml
	Solution B:	
	$NaH_2PO_4\,H_2O$	6 g
	dest. water	and 250 ml
	Using solution:	
	Solution A:	580 ml
	Solution B:	219 ml

Tabela 4: Identidade, fontes e diluição de trabalho dos anticorpos utilizados neste estudo

Target	Primary antibody					Biotinylated secondary antibody
	Supplier	Origin	Dilution	Incubation	Antigen retrieval	
CD117 (Anti –c-Kit)	Genremed Biotechnologies, Inc, South San Francisco, USA	Rabbit polyclonal	1:50	1 h at room temperature	boiling in citrate buffer (pH 6.0), 20 min	Goat anti-polyvalent
Collagen II Ab 3-3(Clone 6 b3)	Thermo Fischer Scientific, Lab vision Corporation, Fremont, USA	Mouse anti-chicken (mouse monoclonal	1:200	Overnight	boiling in citrate buffer (pH 6.0), 20 min	Goat anti-polyvalent

III- Preparação SEM

Os embriões de camelo foram cortados longitudinal e transversalmente em pequenos pedaços, que foram depois fixados em fixador de Karnovasky (10 ml de paraformaldeído a 25%, 10 ml de glutaraldeído a 50%, 50 ml de tampão fosfato de sódio 0,1 M (pH 7,2) e 30 ml de água destilada), como indicado no quadro 2 [8]. As amostras foram lavadas em tampão de fosfato de sódio 0,1 M (pH 7,2), pós-fixadas em ácido ósmico a 1% em tampão de fosfato de sódio 0,1 M e seguidas de outra em tampão de fosfato de sódio 0,1 M (pH 7,2). As amostras foram então desidratadas em álcool, como descrito anteriormente, e imersas em acetato de isoamilo. As amostras desidratadas foram submetidas a uma secagem de ponto crítico utilizando um aparelho polaron. Como passo final, as amostras foram revestidas com ouro utilizando um dispositivo de pulverização de iões E JEOL -1100 e observadas com um microscópio eletrónico de varrimento JEOL (JSM - 5400 LV) a KV 10. Os pormenores relativos aos produtos químicos utilizados na preparação das amostras de electrões de varrimento são apresentados no quadro 3.

RESULTADOS

O esqueleto primitivo do camelo foi examinado em diferentes fases do desenvolvimento embrionário (Fig. 2). Os modelos de cartilagem em crescimento foram penetrados por células achatadas que continuaram com o pericôndrio (Fig. 3A,

B, Fig. 4A, B, Fig. 8B).

As células invadidas eram idênticas às células mesenquimatosas. Apareciam como pequenas células achatadas, fusiformes ou satélites com processos celulares (Fig. 3C, G, E, Fig. 8D, Fig. 5C, D). A penetração das células mesenquimatosas pode ser observada em diferentes direcções, quer perpendiculares (Fig. 3B, C), oblíquas (Fig. 3 D, E), quer paralelas (Fig. 3F, G) ao eixo longo da cartilagem em desenvolvimento. As células mesenquimatosas podem estender-se ao longo de toda a largura da cartilagem em desenvolvimento (Fig. 4A, B), confinadas a uma área limitada (Fig. 4C, D), com estrias de células mesenquimatosas (Fig. 5 A, D) ou com múltiplos locais de localização de células mesenquimatosas (Fig. 5A, B, Fig. 6B, C, E, G, H). A densidade das células mesenquimatosas variou como massas celulares baixas e altas (Fig. 5B, E) ou como células individuais (Fig. 5C, D). As áreas de células indiferenciadas apresentaram coloração negativa para o tricrómio de Mallory (Fig. 4 F). Noutras áreas, as células segregavam matriz de cartilagem e apresentavam coloração positiva para o tricrómio de Mallory (Fig. 4E). As células mesenquimatosas mudaram de morfologia, tornaram-se arredondadas e rodeadas por pouca matriz de cartilagem (Fig. 6I-L). Foram observadas células mesenquimatosas em embriões de camelo medidos a 5, 6, 6,5, 8, 10, 11 e 12 cm do CCN em diferentes elementos esqueléticos, incluindo cartilagem vertebral, esterno, omoplata, pélvis e costelas (Fig. 6A-L).

Nas amostras de electrões de varrimento, foram reconhecidas várias fases diferenciais das células condrogénicas. As células mesenquimatosas indiferenciadas apareciam como pequenas células achatadas com processos celulares que podem ligar-se a outras células (Fig. 8B, C, E, F). As células condrogénicas em diferenciação eram pequenas e arredondadas (Fig. 8A- H). Os condrócitos maduros eram grandes e arredondados, situados no interior das lacunas (Fig. 7F-H).

As várias fases das células condrogénicas mostraram uma afinidade diferente para a imunomarcação com CD117. As células mesenquimatosas e os condrócitos em diferenciação no interior da cartilagem foram fortemente positivos para CD117, bem como as células pericondriais, enquanto os condrócitos foram fracamente positivos (Fig. 7A-D). As células mesenquimatosas que penetram na cartilagem da omoplata foram imunomarcadas positivamente para o colagénio de tipo II (Fig. 7E, F).

Figura 2: embriões de camelo

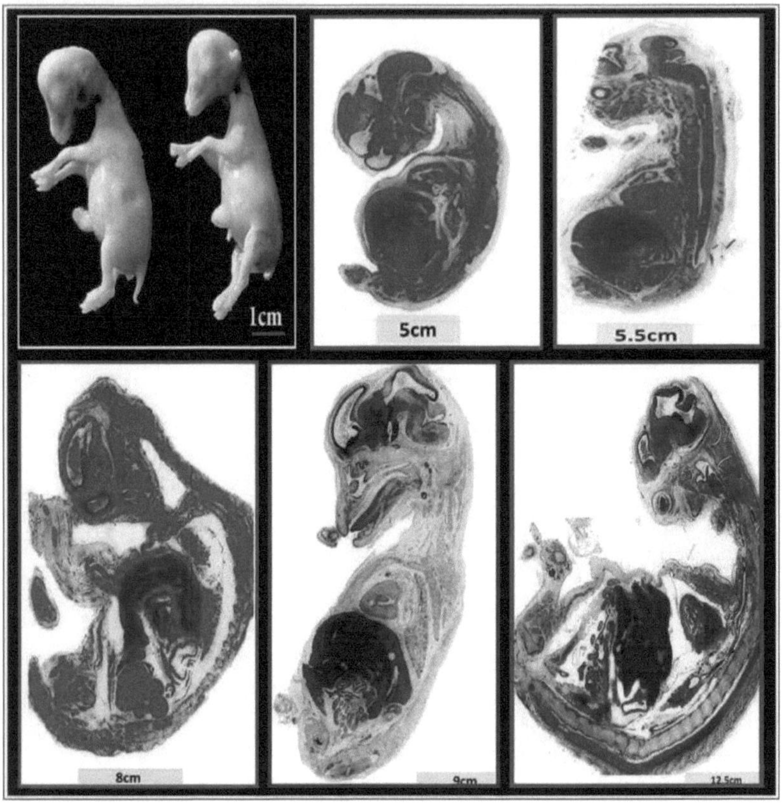

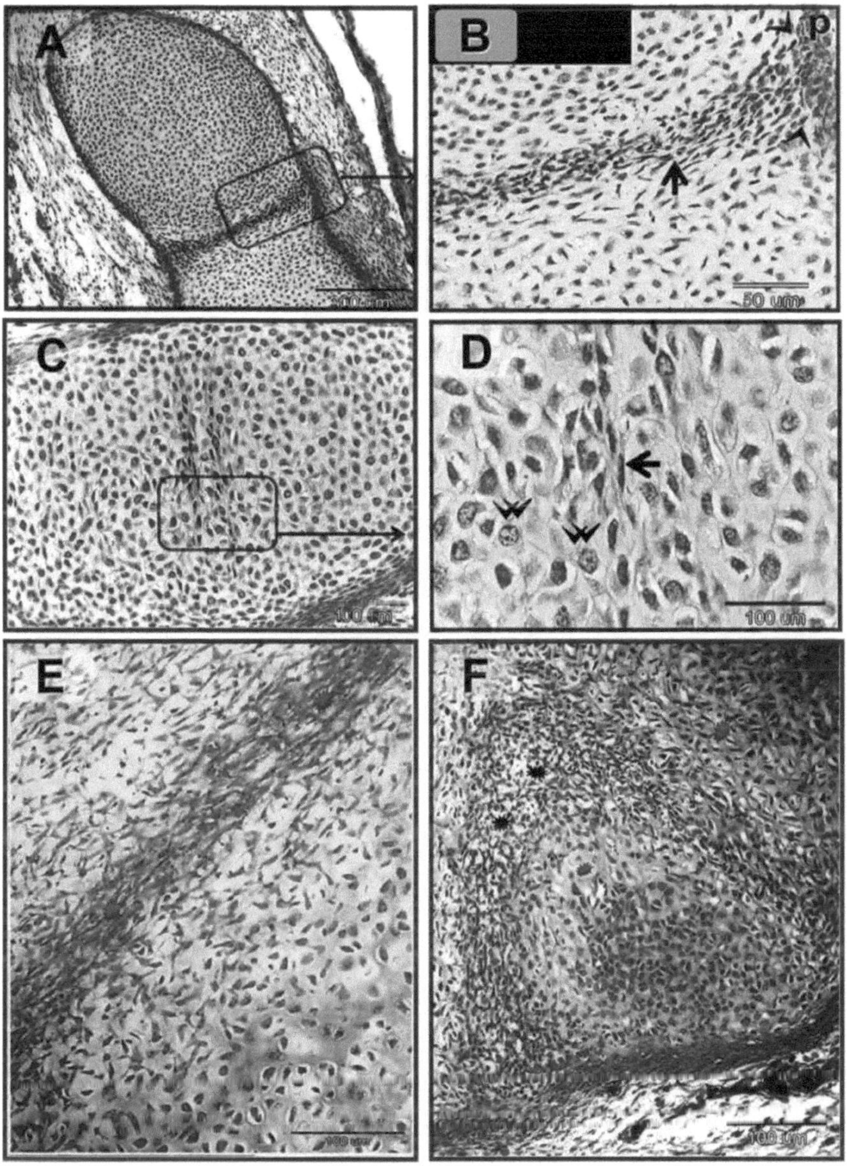

Figura 3: As células mesenquimatosas invadiram a cartilagem.

Secções de parafina em embriões de camelo medindo 10 cm coradas com H&E. A-G: células mesenquimatosas achatadas (setas pretas) penetraram no molde de cartilagem em crescimento do esterno. As células mesenquimatosas correm em direcções diferentes, como se pode ver em B, D, F. Nota: coração (H) e esterno (S).

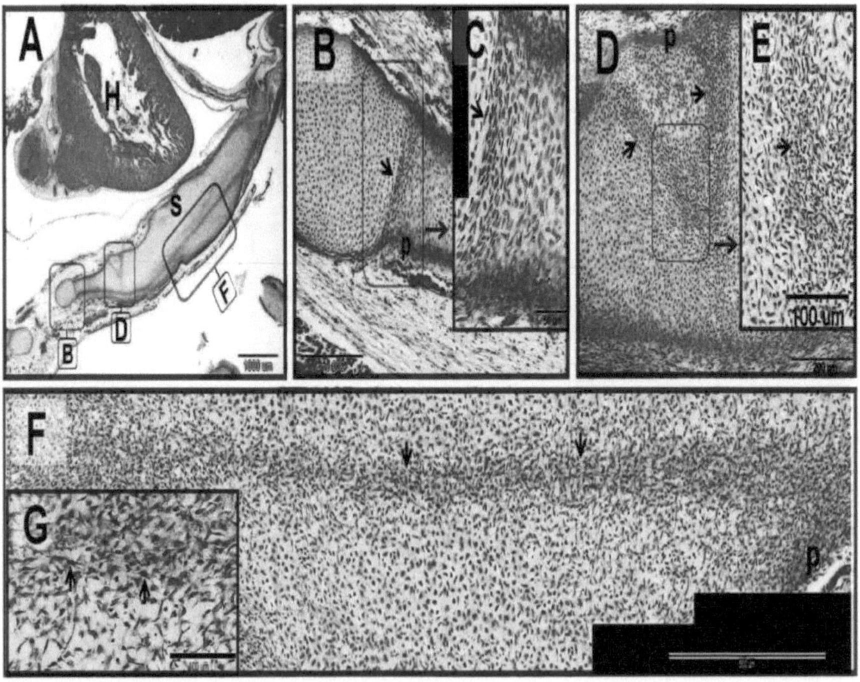

Figura 4: células mesenquimatosas de origem e destino das células mesenquimatosas

Secções de parafina em embriões de camelo medindo 5 cm em (E, F), 6 cm em "C, D", 8 cm em (A, B), 10 cm em (G) mostraram o esterno em (A-G) corado com H&E (A-D) e tricrómio de Mallory (E, F). A, B: as células mesenquimatosas continuaram com o pericôndrio (P), as pontas de seta referem-se ao mesênquima estendido em toda a largura da cartilagem em crescimento. C, D: a invasão das células mesenquimais estava confinada a uma área limitada. E: as células mesenquimais começaram a segregar a matriz da cartilagem (asterisco vermelho). F: áreas de células mesenquimais sem matriz de cartilagem (asterisco preto) em comparação com áreas de matriz de cartilagem rica (asterisco vermelho). Nota: células mesenquimatosas (setas), condrócitos hipertróficos (pontas de seta duplas).

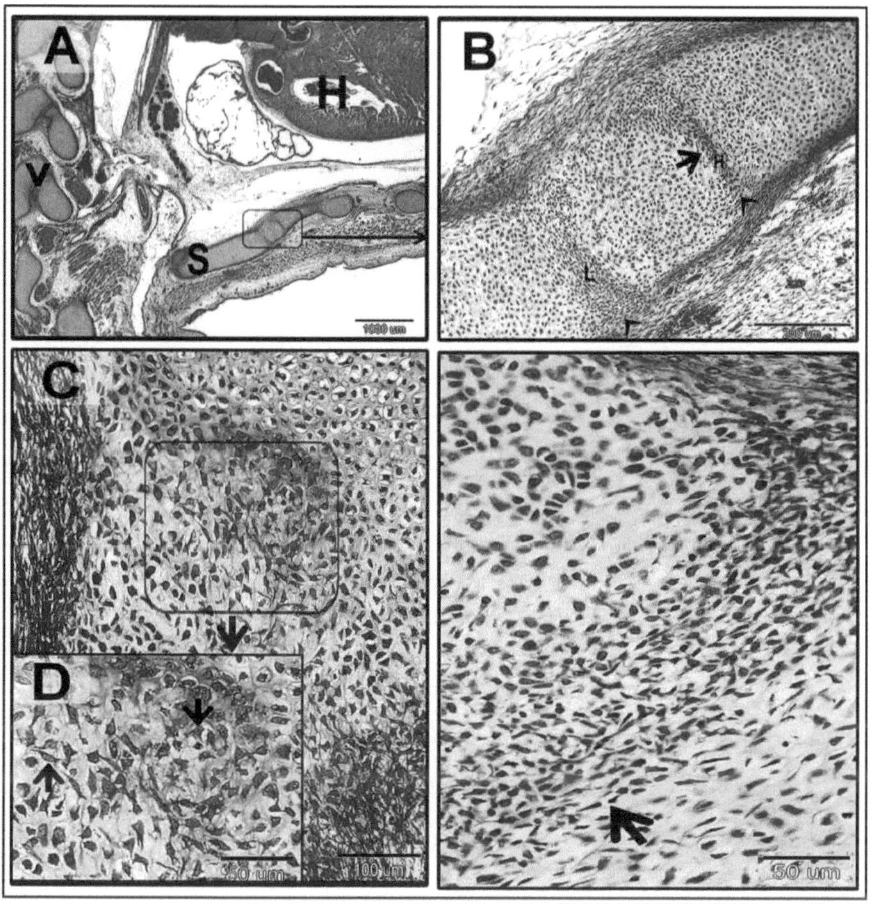

Figura 5: Padrão de invasão mesenquimal

Secções de parafina em embriões de camelo medindo 10 cm em (A, B, E), 5 cm em (C, D), mostrando o esterno em (A, B, E) e a cartilagem vertebral (C, D) corados com H&E. A, B: múltiplos locais de invasão celular (pontas de seta). O mesênquima invasor pode ser de alta" seta em (B) ou baixa densidade celular (seta) em (E). C, D: As células mesenquimatosas invasoras apareciam como células individuais, as células mesenquimatosas eram pequenas com processos celulares (setas)

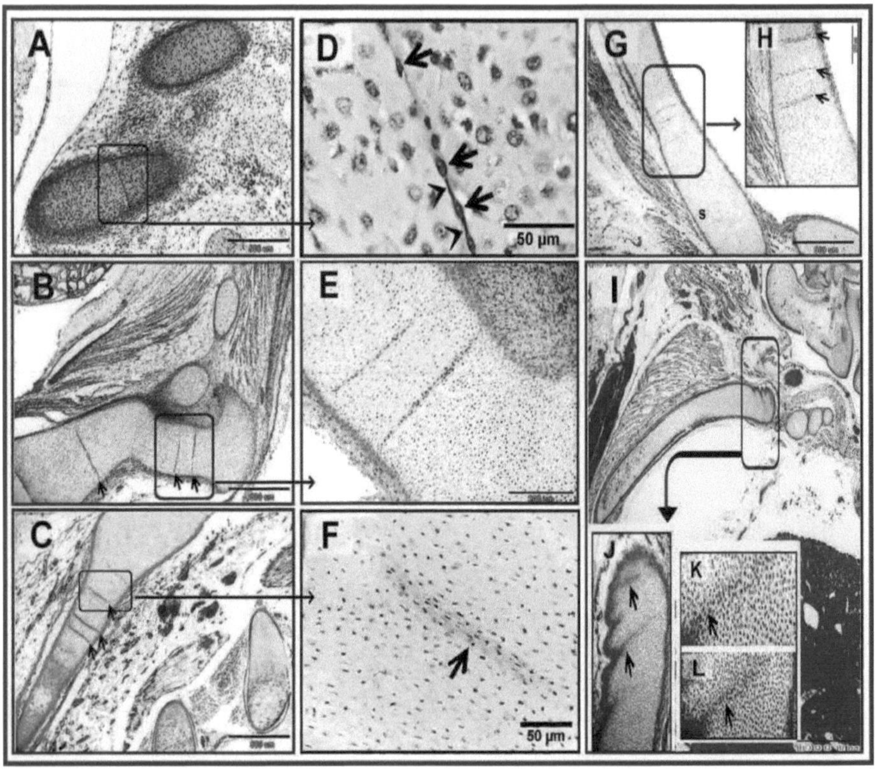

Figura 6: Células mesenquimais em modelos de cartilagem de vértebra, pélvis, escápula, esterno e costelas.

As secções de parafina mostraram modelos de cartilagem da cartilagem vertebral de 11 cm do LCR

embrião de camelo (A, D), pélvica de 6,5 cm embrião de camelo CRL (B, E), escápula de 8 cm

Embrião de camelo LCR (C, F), esterno de embrião de camelo LCR de 11 cm (I-L) e costelas de embrião de camelo LCR de 6,5 cm (G, H) corados com H&E (A, D, I-L) e tricrómio de Crossman (B, C, E-H). A, D: células mesenquimatosas invadiram a cartilagem vertebral "setas pretas" ligadas a processos celulares "pontas de seta". (D) representa uma ampliação maior de (A). B, E: múltiplos locais de células mesenquimatosas (setas) no osso pélvico (E) representam uma ampliação elevada de (B). C, F: Múltiplos locais de células mesenquimais (setas) na cartilagem da escápula

(F) representa uma ampliação de (C). G, H: : Múltiplos locais de células mesenquimais (setas) no molde de cartilagem da costela. (H) representa uma grande ampliação de (G). I-L: Os condrócitos em diferenciação adquiriram um perfil arredondado e intercalaram-se em pouca matriz de cartilagem "setas pretas". (J-L) representam uma grande ampliação de (I).

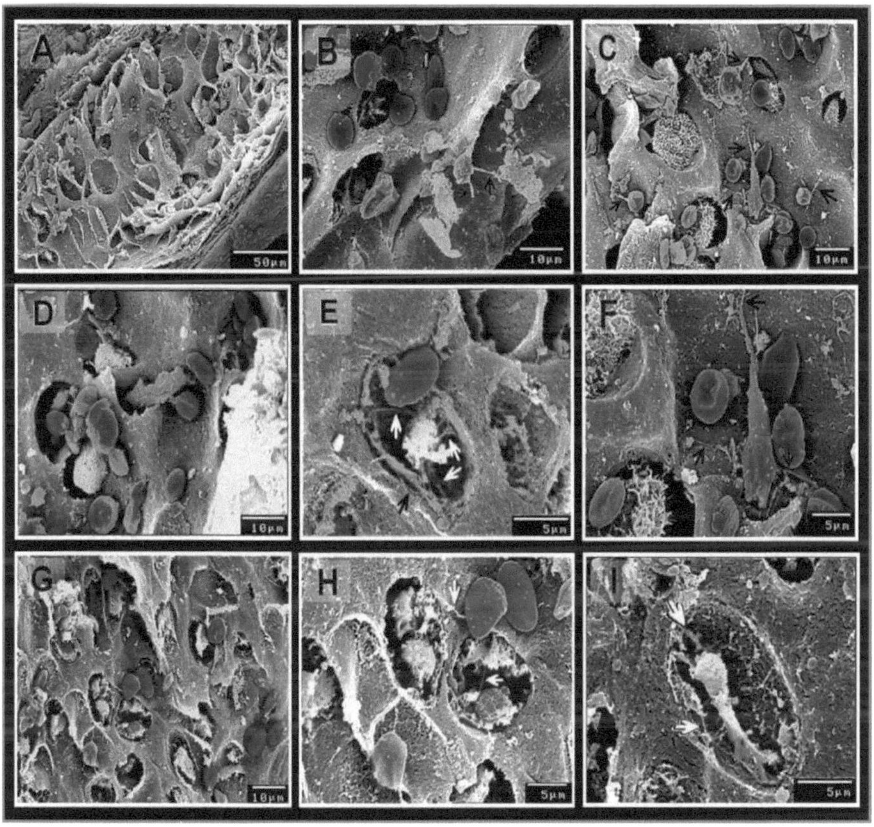

Figura 7: Amostras electrónicas digitalizadas do esqueleto de camelo

Amostra eletrónica digitalizada de 12 cm do LCR medido das vértebras (A-D, F) e 8 cm do LCR medido da omoplata (E, G-I) do embrião de camelo. As células mesenquimais (de cor azul) têm uma forma achatada com processos celulares (setas) que penetram nos moldes da cartilagem. Os condrócitos em diferenciação (de cor rosa) adquiriram uma forma arredondada com uma superfície lisa e podem ter processos celulares (setas). Os condrócitos hipertróficos (de cor verde) apareceram como células grandes com uma superfície irregular. Os condrócitos hipertróficos podem estar ligados à célula mesenquimal por processos celulares (setas em (E).

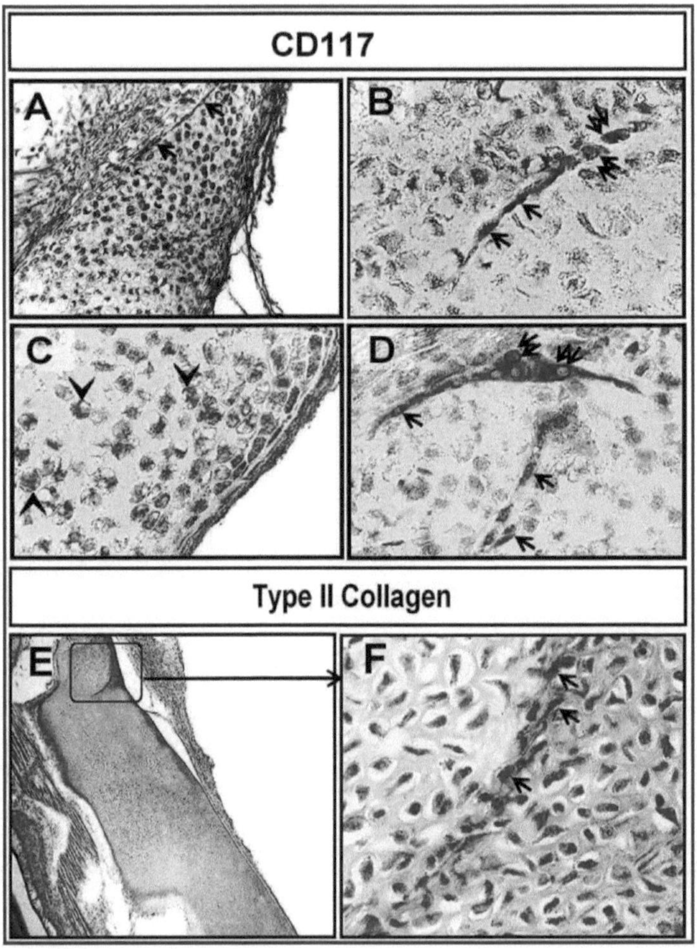

Fig. 8: Afinidade de coloração das células invasoras para o anticorpo policlonal de coelho anti-c-kit (CD 117) e para o anticorpo monoclonal de ratinho anti-colagénio de galinha do tipo II

Secções de parafina do esterno "B, D" e das costelas "A, C" de embriões de camelo corados para CD117. As "setas" do mesênquima invasor e as "setas duplas" dos condrócitos em diferenciação foram fortemente imunorreactivas para CD117 em (A, B, D). Os condrócitos apresentaram uma reação positiva fraca para CD117 "ponta de seta em D" Nota; células pericondriais *positivas* para CD117 "P" em (A, C). A secção de parafina da omoplata do camelo foi imunomarcada para colagénio de tipo II.

DISCUSSÃO

A utilização de células mesenquimatosas na medicina regenerativa tem atraído o interesse de cientistas de base. Estão a ser desenvolvidos vários procedimentos biotecnológicos para a renovação da cartilagem, a fim de construir uma nova matriz de cartilagem e preservar as células viáveis. A presente investigação descreveu um novo mecanismo de crescimento da cartilagem em embriões de camelo que pode ser útil na terapia com células estaminais para a reparação da cartilagem. Examinámos muitos elementos esqueléticos em diferentes fases embrionárias utilizando microscopia eletrónica de luz e de varrimento e utilizámos imunohistoquímica para identificar a distribuição de células indiferenciadas e colagénio tipo II para detetar células formadoras de cartilagem.

O CD117 ou KIT é um recetor de tirosina quinase de superfície, identificado como fator de células estaminais que controla uma vasta gama de actividades biológicas, como a diferenciação celular, a proliferação, a quimiotaxia, a adesão e a morte celular. O CD117 é expresso em mastócitos, algumas células estaminais hematopoiéticas, células germinativas, melanócitos e células de Cajal do trato gastrointestinal, bem como em células oncogénicas [9-11]. Na presente investigação, utilizámos a imunomarcação para CD117 no esterno de embriões de camelo para identificar a distribuição de células mesenquimatosas durante o crescimento de modelos de cartilagem.

As células mesenquimatosas, os condrócitos em diferenciação no interior da matriz da cartilagem, bem como as células estaminais pericondriais, foram fortemente positivas para CD117. Identificámos as caraterísticas morfológicas comuns das células mesenquimatosas indiferenciadas em amostras embrionárias digitalizadas e incluídas em parafina. As células mesenquimais pareciam pequenas, com processos celulares surgidos do pericôndrio. A orientação das células mesenquimatosas intracartilaginosas variou como regiões de alta, baixa densidade celular ou células individuais. As células mesenquimais podem estar organizadas como faixas celulares ligadas umas às outras por processos celulares. As células mesenquimais podem ser distribuídas em vários locais nos modelos de cartilagem. As áreas de células mesenquimatosas continham uma matriz de cartilagem mal definida, enquanto as áreas onde existiam condrócitos em diferenciação apresentavam coloração positiva pelo tricrómio de Mallory, revelando que as células mesenquimatosas destinam a linha celular condrogénica. Assim, as células mesenquimatosas estão envolvidas no crescimento intersticial da cartilagem embrionária do camelo, enquanto os tipos comuns de crescimento da cartilagem dependem das células estaminais pericondriais ou dos condrócitos. As células pericondriais participam no crescimento aposicional, envolvendo a cartilagem em crescimento com a nova matriz. A divisão dos condrócitos produz descendentes que segregam nova matriz, resultando no crescimento intersticial [12, 13].

Sabe-se que as células mesenquimais participam na ossificação endocondral durante o desenvolvimento dos ossos longos [14, 15]. As células indiferenciadas também estão documentadas durante a formação dos canais da cartilagem. Os canais da cartilagem são formados por vasos sanguíneos, células perivasculares [16], monócitos e macrófagos [17]. As células osteogénicas que expressam colagénio de tipo I e a proteína específica do osso, periostina, são reconhecidas nos canais da cartilagem [18-20]. Além disso, outras células que expressam colagénio de tipo II estão localizadas nos canais da cartilagem [21, 22]. No nosso estudo, as células mesenquimais puderam ser observadas em qualquer área nos modelos de cartilagem de ossos longos e planos e não se limitaram à epífise. Além disso, as células mesenquimais não estavam associadas a elementos vasculares

A contribuição das células mesenquimatosas no crescimento da cartilagem intersticial é descrita em investigações anteriores. As células mesenquimatosas com potencial condrogénico participam no crescimento intersticial em modelos de cartilagem da tíbia e do fémur de codornizes embrionárias [2, 23]. No peixe-gato, a diferenciação das células mesenquimais intersticiais ocorre na cartilagem de suporte do órgão respiratório, com o objetivo de crescimento, renovação e substituição da cartilagem existente [3, 23].

Em conclusão, as células mesenquimatosas CD117 positivas estão envolvidas no crescimento intersticial dos modelos de cartilagem em embriões de camelo.

REFERÊNCIAS

1. EROSCHENKO, V.P. e M.S.H. DI FIORE, *DiFiore's Atlas of Histology with Functional Correlations.* , L.W. Wilkins, Editor 2013. p. 114.

2. SOLIMAN, S.A., *Histomorphological and Morphometrical Studies on Endochondral Ossification in the Japanese Quail*, 2013, Tese de Doutoramento, South Valley University, Egito. LAP LAMBERT Academic publishing. p. 66,48.

3. Soliman, S.A., *New Aspect in Cartilage Growth" The Invasive Interstitial Type.* Journal of American Science. , 2014. **109**: p. 272-277.

4. Bancroft, J.D., C. Layton, and S.K. Suvarna, *Bancroft's Theory and Practice of Histological Techniques,Expert Consult: Online and Print,7: Teoria e prática de técnicas histológicas de Bancroft.* Elsevier Health Sciences, 2013, 2013.

5. Mallory, *tecnologia de manchas.* 1936. **11**: p. 101.

6. Hsu, S.M., L. Raine, e H. Fanger, *Utilização do complexo avidina-biotina-peroxidase (ABC) em*

técnicas de imunoperoxidase: uma comparação entre os procedimentos ABC e de anticorpos não marcados (PAP). J Histochem Cytochem. , 1981 **29**(4): p. 577-80.

7. BANCROFT, J.D., C. LAYTON, and S.K. SUVARNA *Bancroft's Theory and Practice of Histological Techniques,Expert Consult: Online and Print,7: Bancroft's Theory and Practice of Histological Techniques*, E.H. Sciences., Editor 2013.

8. KARNOVSKY, M.J., *um fixador de formaldeído-glutaraldeído de elevada osmolaridade para utilização em microscopia eletrónica.* . J. Cell Biol. 27137A., 1965.

9. Miettinen, M. e J. Lasota, *KIT (CD117): uma revisão da expressão em tecidos normais e neoplásicos, e mutações e sua correlação clinicopatológica.* Appl Immunohistochem Mol Morphol, 2005. **13**(3): p. 205-20.

10. Margaritescu, C., et al., *The utility of CD44, CD117 and CD133 in identification of cancer stem cells (CSC) in oral squamous cell carcinomas (OSCC).* Rom J Morphol Embryol, 2011. **52**(3 Suppl): p. 985-93.

11. Arnhold, S., et al., *Células estaminais do líquido amniótico: Dinâmica de crescimento e potencial de diferenciação após um procedimento de seleção baseado em CD-117.* Stem Cells Int, 2011. **2011**: p. 715341.

12. MARJIT, B., *Anatomia Geral, Genética, Histologia e Embriologia.* . Editora Académica, 2009: p. 126.

13. Rawlani, S. e S.J. Rawlani, *Textbook of General Anatomy*, 2011, P Medical Ltd. . p. 45.

14. Carlevaro, M.F., et al., *Fator de crescimento endotelial vascular (VEGF) na cartilagem neovascularização e diferenciação de condrócitos: papel auto-parácrino durante a formação do osso endocondral.* J Cell Sci, 2000. **113 (Pt 1)**: p. 59-69.

15. Kanczler, J.M. e R.O. Oreffo, *Osteogenesis and angiogenesis: the potential for engineering bone.* Eur Cell Mater, 2008. **15**: p. 100-14.

16. Blumer, M.J., et al., *The role of cartilage canals in endochondral and perichondral bone formation: are there similarities between these two processes?* J Anat, 2005. **206**(4): p. 35972.

17. GABNER, S., G. HAUSLER, and P. BOCK *Vascular channels in hyaline cartilage: development of channels. e remoção de produtos de degradação da matriz.* . Anat Histol Embryol, 2014. **43**: p. 29.

18. Blumer, M.J., et al., *Cartilage canals in the chicken embryo: ultrastructure and function (Canais de cartilagem no embrião de galinha: ultra-estrutura e função).* Anat Embryol (Berl), 2004. **207**(6): p. 453-62.

19. Blumer, M.J., S. Longato, and H. Fritsch, *Cartilage canals in the chicken embryo are involved in the process of endochondral bone formation within the epiphyseal growth plate.* Anat Rec A Discov Mol Cell Evol Biol, 2004. **279**(1): p. 692-700.

20. Blumer, M.J., et al., *Identification and location of bone-forming cells within cartilage canals on their course into the secondary ossification centre.* J Anat, 2006. **208**(6): p. 695-707.

21. Le Guellec, D., et al., *Localization of the expression of type I, II and III collagen genes in human normal and hypochondrogenesis cartilage canals.* Histochem J, 1994. **26**(9): p. 695704.

22. Claassen, H., T. Kirsch, and G. Simons, *Cartilage canals in human thyroid cartilage characterized by immunolocalization of collagen types I, II, pro-III, IV and X.* Anat Embryol (Berl), 1996. **194**(2). p. 147-53.

23. SOLIMAN, S.A. e H.H. ABD-ELHAFEEZ, *Mesenchymal cells in cartilage growth.* LAP Lambert Academic Publishing, 2014: p. 1, 19.

Capítulo 2

Modo de crescimento da cartilagem dependente do mesênquima em aves pós-nascimento

Soha A. Soliman , Abbas Madkour , Fatma abdelhakeim

Resumo

O crescimento da cartilagem depende de dois tipos de células residentes: os condrócitos e as células estaminais pericondriais. A proliferação dos condrócitos provoca o crescimento intersticial da cartilagem, enquanto o crescimento aposicional é impulsionado pela diferenciação das células estaminais pericondriais. Um terceiro tipo de crescimento da cartilagem, dependente de células mesenquimais, foi recentemente descrito no embrião. O presente estudo tem como objetivo investigar a ocorrência de crescimento cartilagíneo dependente de células mesenquimais na vida pós-embrionária. Utilizámos amostras da cartilagem orofaríngea de pato e ganso em diferentes idades. Foram identificadas células do tipo mesenquimal na cartilagem orofaríngea de pato e de ganso. Tinham uma forma fusiforme ou achatada, com um núcleo oval e ligadas por processos citoplasmáticos. Foram observadas células mesenquimatosas na cartilagem das conchas nasais médias, nas cartilagens laríngeas do pato e na cartilagem aritenoide e na cartilagem entoglossal do ganso. As células do tipo mesenquimal estavam organizadas como estrias celulares ou como células individuais. Foi possível reconhecer várias áreas de células de tipo mesenquimal na cartilagem. As células do tipo mesenquimal são derivadas do pericôndrio. Sofrem diferenciação, adquirem um perfil esférico e são rodeadas por uma pequena quantidade de matriz de cartilagem basófila. Em conclusão, as células do tipo mesenquimal contribuíram para o crescimento intersticial da cartilagem no período pós-embrionário.

Antecedentes

O desenvolvimento e crescimento dos tecidos é um processo fisiológico bem regulado e depende essencialmente de moléculas e factores de sinalização que controlam a proliferação, diferenciação e morte das células **[24]**. O desenvolvimento dos órgãos é conseguido através da interação celular entre as três camadas germinativas embrionárias. O crescimento dos tecidos é conseguido através da estimulação da diferenciação terminal para reentrar no ciclo celular e produzir novos descendentes. O crescimento dos órgãos pode também depender da ativação do reservatório de células estaminais para se transformarem em descendentes diferenciados **[25]**.

É sabido que dois tipos fundamentais de células participam no crescimento da cartilagem: os condrócitos e as células pericondriais indiferenciadas. Os condrócitos são capazes de gerar novas células progenitoras que produzem a matriz da cartilagem. Os condrócitos promovem o tipo intersticial de crescimento da cartilagem. As células pericondriais são consideradas células progenitoras condro-génicas. Têm o potencial de se diferenciar em condrócitos e produzir camadas circunferenciais de matriz de cartilagem "crescimento aposicional" **[26]**. Um terceiro tipo de crescimento da cartilagem foi recentemente descrito em diferentes espécies, incluindo espécies aquáticas de aves e mamíferos. Este tipo é um modo de crescimento da cartilagem dependente do mesênquima. As células mesenquimais que expressam CD117 penetram na cartilagem em crescimento. Estas células são derivadas do pericôndrio em desenvolvimento ou das células mesenquimatosas circundantes quando o pericôndrio não está estabelecido. As células mesenquimais expressam MMP-9, que se compromete a degradar os componentes da matriz extracelular. As células mesenquimais adquirem uma linhagem celular condrogénica e expressam colagénio tipo II (**Soliman, 2014; (Soliman, 2014; SOLIMAN e ABD-ELHAFEEZ, 2014; Soliman e Abd-Elhafeez, 2016; Soliman, Abd- Elhafeez e Enas, 2017).**

O modo de crescimento da cartilagem dependente do mesênquima é descrito em fases embrionárias. O presente estudo tem como objetivo investigar o envolvimento de células do tipo mesenquimal no crescimento da cartilagem na vida pós-embrionária. Utilizámos duas espécies de aves de diferentes idades para identificar células mesenquimatosas na cartilagem da passagem respiratória.

MATERIAIS E MÉTODOS

Para atingir o objetivo do estudo, utilizámos a orofaringe das aves, que é suportada principalmente por tecido cartilaginoso. Concentrámo-nos na cartilagem entoglossal da língua e nas cartilagens laríngeas.

As aves foram obtidas na quinta universitária da Faculdade de Agricultura da Universidade de Assiut. As amostras foram recolhidas de patos almiscarados (*Cairina moschata*) com 15 dias e 1 semana de idade e de gansos egípcios (*Alopochen Egyptian*) com dois meses de idade. Todas as aves foram submetidas a eutanásia por decapitação.

Toda a orofaringe foi cuidadosamente dissecada e fixada em formalina neutra tamponada.

As amostras fixas foram desidratadas em graus crescentes de álcoois a 70%, 80%, 90% e 100% durante 90 minutos em cada concentração. As amostras foram limpas com benzoato de metilo. As amostras desidratadas foram então impregnadas e embebidas em Paraplast (Sigma Aldrich). Cortaram-se secções em série de 3-5μm com um micrótomo Richert Leica RM 2125, Alemanha, e montaram-se em lâminas de vidro. As secções foram mantidas numa incubadora a 40°C para secagem.

No presente estudo, utilizámos a coloração H&E como uma coloração histológica geral **[27]** e o tricrómio de Mallory como uma coloração específica para a cartilagem **[28]**. Os produtos químicos utilizados estão listados na tabela 1. As secções coradas foram examinadas utilizando o microscópio de luz DMLS (Leica, Alemanha) equipado com a câmara MC120 HD (Leica, Alemanha).

Quadro 1: produtos químicos para a preparação de secções de parafina e coloração

NAME OF THE REAGENT	NAME OF THE REAGENT	COUNTRY
HAEMATOXYLIN CRYST.	MERCK	
EOSIN YELLOW (WATER SOLUBLE)	OXFORD LABORATORY REAGENTS	India
SODIUM PHOSPHATE DIBASIC (ANHYDROUS)	OXFORD LABORATORY REAGENTS	India
SODIUMPHOSPHATE MONOBASIC (ANHYDROUS)	OXFORD LABORATORY REAGENTS	India
ETHANOL ABSOLUTE	FISHER CHEMICALS	UK
PARAPLAST EMBEDDING MEDIA(PARAFFIN WAX)	SIGMA ALDRICH	Germany
MERCURIC OXIDE (YELLOW HGO)	ADWIC	
ALUMINUM POTASSIUM SULPHATE	OXFORD LABORATORY REAGENTS	India
Methyl blue	SIGMA ALDRICH	Germany
Acid fuchsin	SIGMA ALDRICH	Germany
Phosphomolybdic acid	SIGMA ALDRICH	Germany
XYLENE	SIGMA ALDRICH	Germany
METHYL BENZOATE	OXFORD LABORATORY REAGENTS	India
Orange G	SIGMA ALDRICH	Germany
Oxalic acid	SIGMA ALDRICH	Germany

Resultados

O presente estudo tem por objetivo identificar as células do tipo mesenquimal e a sua contribuição para o crescimento da cartilagem na cartilagem orofaríngea do pato e do ganso. Foram observadas células do tipo mesenquimatoso nas cartilagens laríngeas do pato. Tinham uma forma fusiforme ou achatada, com um núcleo oval (setas) e ligadas por processos citoplasmáticos (Fig. 1E, F). A distribuição destas células apresentava diferentes formas. Podem estar dispostas numa faixa da população alta (Fig. 1 A, B). Também se observaram células individuais do tipo mesenquimal (Fig. 1D). Os condrócitos em diferenciação, que tinham um perfil esférico, estavam rodeados por uma pequena quantidade de matriz de cartilagem basófila (Fig. 1C). As células mesenquimais parecem ser derivadas do pericôndrio (Fig. 1B).

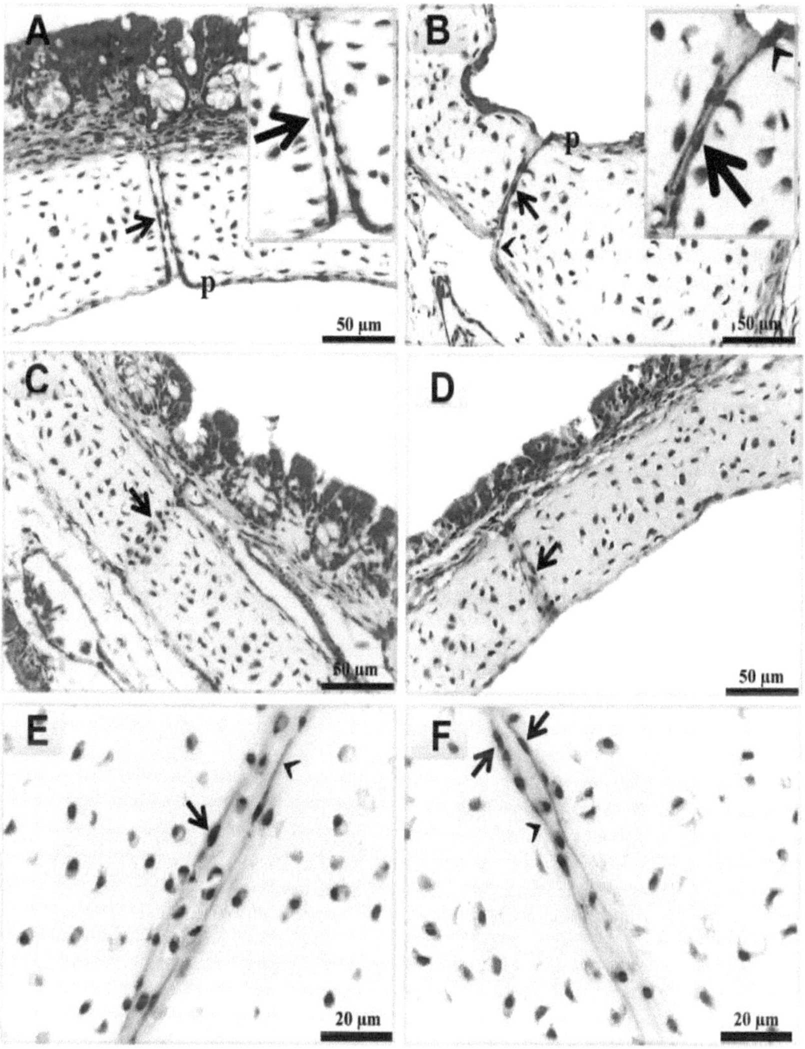

Figure 1: Padrão de invasão celular na cartilagem em crescimento

Secções de parafina da parede laríngea do pato. Coradas com H&E. A, B: as setas referem-se a células do tipo mesenquimal que se organizaram em estrias de elevadas populações celulares. Note-se o pericôndrio (P). As pontas das setas referem-se a células do tipo mesenquimatoso originárias do pericôndrio que estava envolvido com a estria celular penetrante. C: condrócitos em diferenciação rodeados por pouca matriz de cartilagem. D: Células individuais do tipo mesenquimal (setas). E, F: As células do tipo mesenquimal tinham uma forma fusiforme ou achatada com um núcleo oval (setas) e estavam ligadas por processos citoplasmáticos (pontas de setas).

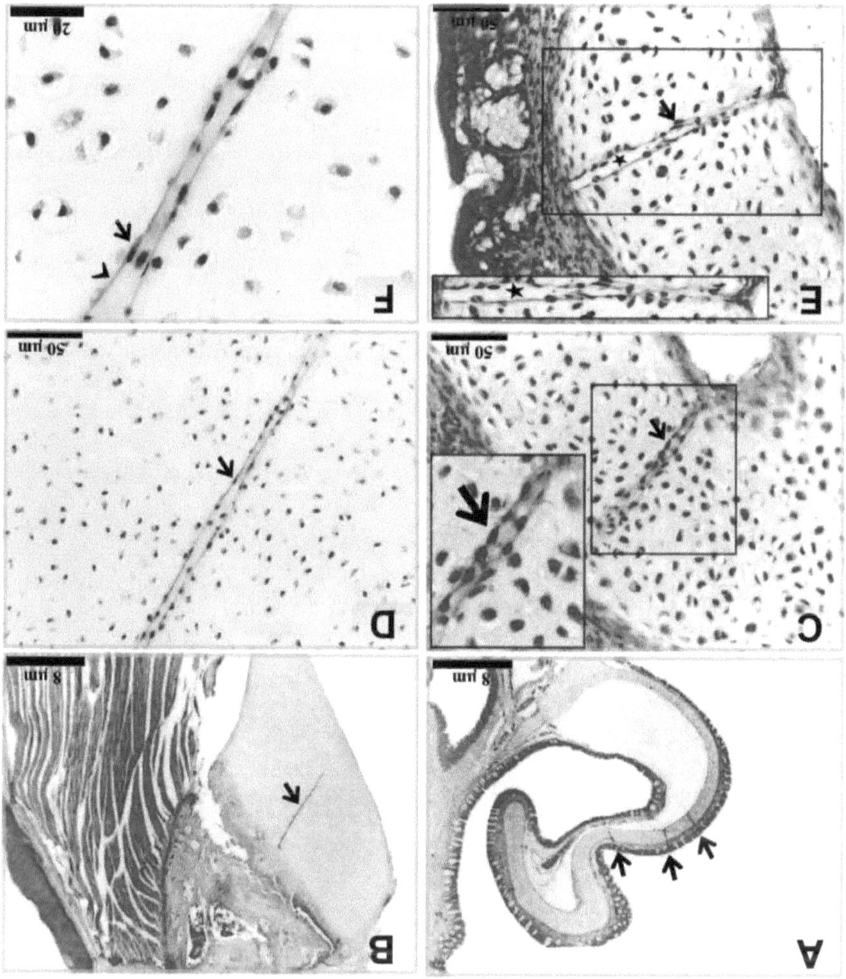

Figure 2: Invasão de células de tipo mesenquimal na cartilagem de pato

Secções de parafina da parede laríngea do pato. Coradas com H&E. A, C, E: as setas referem-se a áreas de células de tipo mesenquimal na cartilagem da concha nasal média. Note-se que o asterisco se refere a um defeito na matriz da cartilagem. B, D, F: células do tipo mesenquimal na cartilagem da laringe. Notar os processos citoplasmáticos entre as células mesenquimais (pontas de seta).

Múltiplas áreas de células do tipo mesenquimal na cartilagem da concha nasal média. Em certas áreas, podia ser observado um defeito na matriz da cartilagem (Fig. 2A, C, E). Células do tipo mesenquimal estavam conectadas por finos processos citoplasmáticos na cartilagem laríngea (Fig. 2 B, D, F).

No monte laríngeo de Ganso, as células do tipo mesenquimal foram distribuídas como uma faixa celular da cartilagem aritenoide (Fig. 3A, B). As células do tipo mesenquimal estavam localizadas em vários sítios na cartilagem entoglossal (Fig. 3C-F).

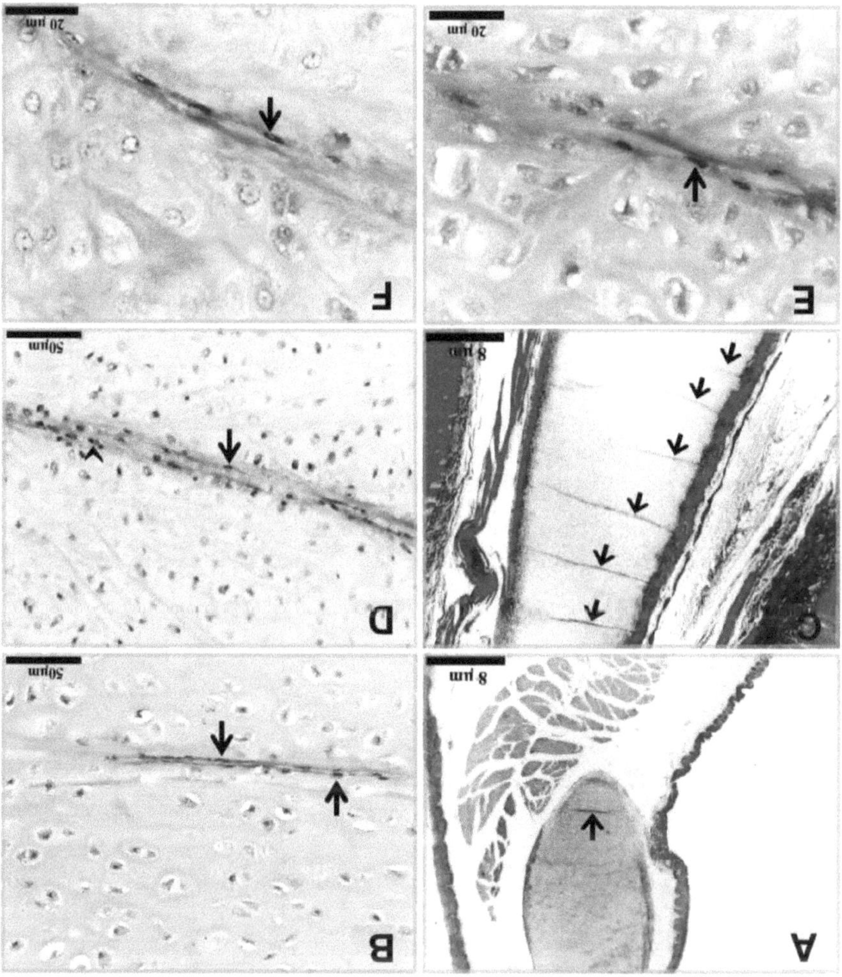

Figure 3: Invasão mesenquimal em Ganso

Secções de parafina da parede da laringe e da extremidade cartilaginosa do entoglosso em ganso; coradas com H&E "A, B" e tricrómio de Mallory "C-F". A, B: As setas referem-se a áreas de células do tipo mesenquimatoso que apareciam como uma estria celular da cartilagem aritenoide. A figura (B) representa uma ampliação superior de (A). C-F: As células de tipo mesenquimal (seta) estavam localizadas em vários sítios da cartilagem entoglossal. Nota: a ponta da seta refere-se a condrócitos em diferenciação separados por uma pequena matriz extracelular. As figuras (D, E, F) representam uma ampliação maior de (C).

Discussão

O objetivo do presente estudo foi explorar a contribuição das células do tipo mesenquimal no crescimento da cartilagem no desenvolvimento pós-embrionário. Investigámos as cartilagens orofaríngeas de pato e ganso para distinguir as células do tipo mesenquimal.

No presente estudo, reconhecemos pela primeira vez células do tipo mesenquimal nas cartilagens orofaríngeas de patos e gansos após a eclosão. Apresentavam um padrão diferente de organização das células individuais e das estrias celulares. Foi possível reconhecer vários locais de células do tipo mesenquimal.

Estudos anteriores especularam o envolvimento de células mesenquimais no crescimento da cartilagem. Este tipo de crescimento é identificado na cartilagem de diferentes elementos esqueléticos em codornizes **[29, 30]** e embriões de camelo **[31]**. As células mesenquimais foram reconhecidas morfologicamente por técnicas histológicas, TEM, SEM e imunologicamente usando C-KIT. O C-KIT ou KIT é um tipo de recetor de tirosina quinase específico para a célula mesenquimal indiferenciada. O C-KIT regula a proliferação celular, a diferenciação, a adesão, a quimiotaxia e a apoptose **[9-11]**.

No presente estudo, as células de tipo mesenquimal transformaram-se em células esféricas rodeadas por matriz de cartilagem. Este resultado pode indicar que as células do tipo mesenquimal têm um potencial condrogénico e apoia os investigadores anteriores em embriões de codorniz e camelo. Utilizando técnicas histoquímicas e imunohistoquímicas, os autores verificaram que as células mesenquimais durante a diferenciação expressam colagénio de tipo II e produzem uma matriz rica em proteoglicanos. Também especularam que as células mesenquimais participavam na produção da nova matriz intersticial, e consideraram este tipo como um tipo intersticial de crescimento da cartilagem **[29, 31]**. Dois tipos predominantes de crescimento da cartilagem são conhecidos há longas décadas. O primeiro tipo depende das células estaminais pericondriais que segregam nova matriz que se adiciona à circunferência exterior da cartilagem para aumentar o seu diâmetro. Por conseguinte, este tipo é conhecido como crescimento aposicional. O segundo tipo é dependente dos condrócitos, no qual os condrócitos se propagam e as células filhas produzem matriz intersticial (um tipo intersticial de crescimento da cartilagem) **[32, 33]**.

No presente estudo, surgiram áreas de um defeito na matriz da cartilagem onde se localizavam células do tipo mesenquimatoso. Este facto pode estar relacionado com a secreção de enzimas proteolíticas durante a penetração das células mesenquimatosas na matriz da cartilagem. As células mesenquimais expressam MMP-9 durante a invasão na cartilagem em embriões de codorniz. As MMPs ou matrizes são uma família de endopeptidases dependentes de metal que degradam os componentes da matriz extracelular. As MMPs estão envolvidas na remodelação dos tecidos durante condições fisiológicas ou patológicas **[34]**. A MMP-9 contribui para a angiogénese, a migração de células imunitárias, a ativação de citocinas e quimiocinas e a progressão do cancro **[35].** A MMP-9 decompõe o colagénio dos tipos IV, V, XI[k] , XIVl , elastina, aggrecan, proteína de ligação, decorinr, laminina, entactina, SPARCq, proteína básica da mielina[m] ,v^M[11] , ^iPli, IL-iej, proTNF-rok **[36].**

A penetração de células mesenquimais nos moldes de cartilagem do osso longo em perspetiva tem sido descrita como um passo inicial na ossificação endocondral. As células mesenquimais adquirem uma linhagem de células osteogénicas para servirem na formação óssea **[14, 15]**. As células mesenquimais podem também ser um constituinte dos elementos celulares dos canais da cartilagem.

Estes canais são derivados das papilas pericondriais para fornecer um suporte nutricional à cartilagem **[37].** Estão descritas duas linhagens celulares diferentes nos canais da cartilagem: células que expressam colagénio tipo II **[21, 22]** e células que expressam colagénio tipo I e periostina **[18-20].** Os nossos resultados foram bastante semelhantes aos obtidos em embriões de codorniz e camelo **[29-31]**, em que as células do tipo mesenquimal não se limitaram a uma área específica da cartilagem. Ao contrário dos canais da cartilagem, que só se desenvolvem na epífise e estão associados à invasão vascular

Num estudo anterior, as células mesenquimatosas estão a invadir fisiologicamente o modelo de cartilagem do fémur e da tíbia em crescimento em embriões de codorniz. As células mesenquimais limitavam-se à zona hipertrófica central de forma aleatória **[38]**. Ao contrário dos resultados do presente estudo, as células do tipo mesenquimal tinham uma distribuição focal que pode organizar-se em vários locais. O modo de crescimento da cartilagem dependente do mesênquima também ocorre em peixes. As células mesenquimais invadem a cartilagem do peixe-gato, um órgão que respira ar. As células invasoras adquiriram propriedades condrogénicas. Segregam colagénio tipo II. Os autores concluíram que o objetivo da invasão mesenquimal é fazer crescer, renovar e substituir o tecido cartilaginoso **[30, 39, 40]**. Em conclusão, as células do tipo mesenquimal contribuíram para o crescimento intersticial da cartilagem no período pós-embrionário.

Correlação clínica

Vários cientistas estudam o mecanismo de desenvolvimento dos órgãos e tecidos derivados da mesoderme. A utilização de células estaminais mesenquimais na medicina regenerativa continua a ser um objetivo promissor. Foram feitas várias tentativas para melhorar a diferenciação das células estaminais em tipos de células-alvo. Este estudo apresenta o potencial condrogénico das células mesenquimais e a sua contribuição para o crescimento da cartilagem. Este estudo deve motivar os cientistas das tecnologias das células estaminais a considerar que, em circunstâncias especiais, a reparação da cartilagem articular pode ser uma possibilidade clínica. Futuros estudos devem ser levados a cabo para explorar factores e sinais que atraem as células do tipo mesenquimatoso e governam a sua diferenciação condrogénica. O presente estudo apresentou a cartilagem de aves no período pós-embrionário como um modelo para estudar este fenómeno.

Referências

1. EROSCHENKO, V.P. e M.S.H. DI FIORE, *DiFiore's Atlas of Histology with Functional Correlations.* , L.W. Wilkins, Editor 2013. p. 114.

2. SOLIMAN, S.A., *Histomorphological and Morphometrical Studies on Endochondral Ossification in the Japanese Quail*, 2013, Tese de Doutoramento, South Valley University, Egito. LAP LAMBERT Academic publishing. p. 66,48.

3. Soliman, S.A., *New Aspect in Cartilage Growth" The Invasive Interstitial Type.* Journal of American Science. , 2014. **109**: p. 272-277.

4. Bancroft, J.D., C. Layton, and S.K. Suvarna, *Bancroft's Theory and Practice of Histological Techniques,Expert Consult: Online and Print,7: Teoria e prática de técnicas histológicas de Bancroft.* Elsevier Health Sciences, 2013, 2013.

5. Mallory, *tecnologia de manchas.* 1936. **11**: p. 101.

6. Hsu, S.M., L. Raine, and H. Fanger, *Use of avidin-biotin-peroxidase complex (ABC) in immunoperoxidase techniques: a comparison between ABC and unlabeled antibody (PAP) procedures.* J Histochem Cytochem. , 1981 **29**(4): p. 577-80.

7. BANCROFT, J.D., C. LAYTON, and S.K. SUVARNA *Bancroft's Theory and Practice of Histological Techniques,Expert Consult: Online and Print,7: Bancroft's Theory and Practice of Histological Techniques*, E.H. Sciences., Editor 2013.

8. KARNOVSKY, M.J., *um fixador de formaldeído-glutaraldeído de elevada*

osmolaridade para utilização em microscopia eletrónica. . J. Cell Biol. 27137A., 1965.

9. Miettinen, M. e J. Lasota, *KIT (CD117): uma revisão da expressão em tecidos normais e neoplásicos, e mutações e sua correlação clinicopatológica.* Appl Immunohistochem Mol Morphol, 2005. **13**(3): p. 205-20.

10. Margaritescu, C., et al., *The utility of CD44, CD117 and CD133 in identification of cancer stem cells (CSC) in oral squamous cell carcinomas (OSCC).* Rom J Morphol Embryol, 2011. **52**(3 Suppl): p. 985-93.

11. Arnhold, S., et al., *Amniotic-Fluid Stem Cells: Dinâmica de crescimento e potencial de diferenciação após um procedimento de seleção baseado em CD-117.* Stem Cells Int, 2011. **2011**: p. 715341.

12. MARJIT, B., *Anatomia Geral, Genética, Histologia e Embriologia.* . Editora Académica, 2009: p. 126.

13. Rawlani, S. e S.J. Rawlani, *Textbook of General Anatomy*, 2011, P Medical Ltd. . p. 45.

14. Carlevaro, M.F., et al., *Vascular endothelial growth fator (VEGF) in cartilage neovascularization and chondrocyte differentiation: auto-paracrine role during endochondral bone formation.* J Cell Sci, 2000. **113 (Pt 1)**: p. 59-69.

15. Kanczler, J.M. e R.O. Oreffo, *Osteogenesis and angiogenesis: the potential for engineering bone.* Eur Cell Mater, 2008. **15**: p. 100-14.

16. Blumer, M.J., et al., *The role of cartilage canals in endochondral and perichondral bone formation: are there similarities between these two*

processes? J Anat, 2005. **206**(4): p. 359-72.

17. GABNER, S., G. HAUSLER, and P. BOCK *Vascular channels in hyaline cartilage: development of channels. e remoção de produtos de degradação da matriz.* . Anat Histol Embryol, 2014. **43**: p. 29.

18. Blumer, M.J., et al., *Cartilage canals in the chicken embryo: ultrastructure and function (Canais de cartilagem no embrião de galinha: ultra-estrutura e função).* Anat Embryol (Berl), 2004. **207**(6): p. 453-62.

19. Blumer, M.J., S. Longato, and H. Fritsch, *Cartilage canals in the chicken embryo are involved in the process of endochondral bone formation within the epiphyseal growth plate.* Anat Rec A Discov Mol Cell Evol Biol, 2004. **279**(1): p. 692-700.

20. Blumer, M.J., et al., *Identification and location of bone-forming cells within cartilage canals on their course into the secondary ossification centre.* J Anat, 2006. **208**(6): p. 695-707.

21. Le Guellec, D., et al., *Localization of the expression of type I, II and III collagen genes in human normal and hypochondrogenesis cartilage canals.* Histochem J, 1994. **26**(9): p. 695-704.

22. Claassen, H., T. Kirsch, and G. Simons, *Cartilage canals in human thyroid cartilage characterized by immunolocalization of collagen types I, II, pro-III, IV and X.* Anat Embryol (Berl), 1996. **194**(2): p. 147-53.

23. SOLIMAN, S.A. e H.H. ABD-ELHAFEEZ, *Mesenchymal cells in cartilage growth.* LAP Lambert Academic Publishing, 2014: p. 4, 49.

24. Thiriet, M., *Tissue Growth, Repair, and Remodeling*, em *Biology and Mechanics of Blood Flows: Parte I: Biologia2008*, Springer New York: Nova Iorque, NY. p. 435-488.

25. Sanchez Alvarado, A. e S. Yamanaka, *Rethinking differentiation: stem cells, regeneration, and plasticity (Repensar a diferenciação: células estaminais, regeneração e plasticidade)*. Cell, 2014. **157**(1): p. 110-9.

26. EROSCHENKO, V.P. e M.S.H.D. FIORE, *DiFiore's Atlas of Histology with Functional Correlations*, 12, Editor 2013, Lippincott Williams & Wilkins. p. 114.

27. BANCROFT, J.D., C. LAYTON, e S.K. SUVARNA, *Bancroft's Theory and Practice of Histological Techniques, Expert Consult*, 7, Editor 2013, Elsevier Health Sciences.

28. Mallory, F.B., *The aniline blue collagen stain* Stain Technol, 1936. **11**: p. 10110.

29. Soliman, S.A. e H.H. Abd-Elhafeez, *As Células Indiferenciadas C-KIT, MMP-9 e Colagénio Tipo II Positivo Estão Envolvidas no Crescimento da Cartilagem? Uma Descrição do Tipo Intersticial Incomum de Crescimento da Cartilagem.* J Cytol Histol 2016. **7**: p. 440.

30. SOLIMAN, S.A. e H.H. ABD-ELHAFEEZ, *Mesenchymal cells in cartilage growth*, 2014, LAP Lambert Academic Publishing.4, 49.

31. Soliman, SA, HH Abd-Elhafeez e A. Enas, *Um novo mecanismo de crescimento da cartilagem em mamíferos "Envolvimento de células indiferenciadas positivas para CD117 no crescimento intersticial"*. M J Cyto, 2017. **1**(1): p. 001.

32. MARJIT, B., *General Anatomy Genetics Histology And Embryology*, 2009, Academic Publishers. p. 1.26.

33. RAWLANI, S. e S.J. RAWLANI, *Textbook of General Anatomy*, 2011, P Medical Ltd. p. 45.

34. OZET, O.G., *Família de enzimas da matriz metaloproteinase*. Revista Archives Medical Review, 2013. **222**: p. 209-220.

35. Klein, T. e R. Bischoff, *Fisiologia e fisiopatologia das metaloproteases da matriz*. Aminoácidos, 2011. **41**(2): p. 271-90.

36. CLENDENINN, N.J. e K. APPELT, *Matrix Metalloproteinase Inhibitors in Cancer Therapy*. Springer Science+Business Media Nova Iorque. Humana Press, 2001.

37. GABNER, S., G. HAUSLER, and P. BOCK, *Vascular channels in hyaline cartilage: development of channels. e remoção de produtos de degradação da matriz*. Anat Histol Embryol, 2014. **43**: p. 29.

38. SOLIMAN, S.A., *Histomorphological and Morphometrical Studies on Endochondral Ossification in the Japanese Quail*, 2013, Tese de Doutoramento, South Valley University, Egito. LAP LAMBERT Academic publishing. p. 66, 84.

39. Soliman, S., *New Aspect in Cartilage Growth "The Invasive Interstitial Type" (Novo Aspeto do Crescimento da Cartilagem "O Tipo Intersticial Invasivo")*. Journal of Aquaculture Research and Development, 2014(5): p. 253

40. Soliman, SA e HH Abd-Elhafeez, *Células Mesenquimais no Crescimento e*

Regeneração da Cartilagem "Um Estudo Imunohistoquímico e Microscópico Eletrónico". J Cytol Histol, 2016. **7**: p. 437.

MIX
Papier aus verantwortungsvollen Quellen
Paper from responsible sources
FSC® C105338

Printed by Books on Demand GmbH, Norderstedt / Germany